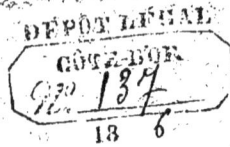

DOCTEUR CTAVE SIROT

Statistique Médicale

Année 1895

Hôtel-Dieu de Beaune

Notes diverses

Du Scepticisme médical.
De la balnéation chaude dans la variole.
De la Scille dans les maladies du cœur.
Notes sur le corset chez les femmes.
Statistique médicale. — Service de médecine. — Femmes —
Hôtel-Dieu de Beaune,
Sur l'Hypnotisme.
De la responsabilité chez les Hypnotisés et les alcooliques.
De la Gymnastique dans l'éducation physique des filles.

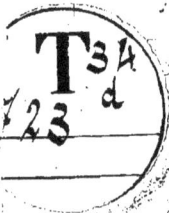

BEAUNE

IMPRIMERIE ARTHUR BATAULT

1896

DOCTEUR Octave SIROT

Statistique Médicale

Année 1895

Hôtel-Dieu de Beaune

Notes diverses

—⊷—

Du Scepticisme médical.
De la balnéation chaude dans la variole.
De la Scille dans les maladies du cœur.
Notes sur le corset chez les femmes.
Statistique médicale. — Service de médecine. — Femmes. —
Hôtel-Dieu de Beaune,
Sur l'Hypnotisme.
De la responsabilité chez les Hypnotisés et les alcooliques.
De la Gymnastique dans l'éducation physique des filles.

Du Scepticisme médical

Pro Medicis

Dans l'introduction de ses remarquables cliniques de l'Hôtel-Dieu de Paris, le grand Trousseau, un des princes de la médecine, a écrit : « Il semble étrange aux yeux du monde d'entendre des médecins parler du charme qui accompagne l'étude de notre art. L'étude des lettres, de la peinture, de la musique, ne donne pas de jouissances plus vives que celle de la médecine, et celui-là doit renoncer à notre profession qui n'y trouve pas, dès le début de sa carrière, un attrait irrésistible. »

Pour être médecin, il faut acquérir non-seulement la science inhérente à l'exercice délicat de la profession, il faut encore être artiste par l'intelligence, il faut porter en soi ce coup d'œil de l'esprit qui voit, pèse, juge en un instant, pressent la maladie avant même qu'un examen détaillé n'en vienne assurer le diagnostic.

On devient chirurgien, on naît médecin : *multi vocati, pauci electi;* aussi, est-il difficile d'être un vrai et bon médecin.

S'ensuit-il pour cela qu'il faille douter de la médecine et accepter cette phrase de convention banale : Je ne crois pas à la médecine, je ne crois qu'à la chirurgie, elle seule d'ailleurs a fait des progrès.

Quelle est l'origine de cette opinion si fausse, si

erronée? Vient-elle du monde extra-médical, ou a-t-elle été répandue par des hommes de la profession ?

Pour juger une question aussi scientifique, il faudrait au profane vulgaire ce qu'il n'a pas, des études aussi étendues, aussi savantes que celles des médecins. S'il parle, ce n'est qu'en écho inconscient; il a entendu, il répète. Si toutefois il peut avoir une opinion personnelle, elle ne peut être basée que sur les succès ou les insuccès plus ou moins apparents de la médecine pratique si différente de la vraie médecine, de la médecine scientifique.

Il ne faut pas croire que le médecin puisse toujours se comporter dans la clientèle comme il le ferait pour des malades sur lesquels il aurait une autorité absolue et pourrait agir en toute liberté et toute indépendance.

Gêné par les personnalités, par les idées que les malades puisent le plus souvent à la 4ᵐᵉ page des journaux, dans des prospectus-réclames, dans des livres mal compris, dans des conversations mondaines où les préjugés et les erreurs frisent souvent une ignorance grossière — gêné par des questions de sentimentalité, d'intérêt, — contrôlé par le premier venu qui se permet de désapprouver un traitement, parce qu'un sien parent malade, soi-disant de la même maladie ! a été traité autrement, — forcé souvent de faire des prescriptions et des ordonnances là où il ne faudrait qu'un peu d'hygiène ou un petit régime diététique, — aux prises avec l'opinion arrêtée de certains malades sur leur propre maladie et sur certains remèdes, opinion qu'il faut bien se garder de contredire si l'on tient à conserver leur confiance, — aux prises avec ce terrible besoin de conseiller que possèdent certaines bonnes âmes, — aux prises même! avec l'envie confraternelle, *invidia me-*

dicorum pessima, le médecin praticien fait ce qu'il peut et non ce qu'il veut.

De là des insuccès, des lenteurs, des hésitations, alors que les résultats obtenus dans les hôpitaux sont souvent si étonnants ! De là des jugements portés sur les médecins et la médecine, sans bases sérieuses.

Tous ces jugements portés par le monde extra-médical n'auraient pu cependant acquérir une autorité suffisante pour donner crédit à cette banale stupidité « Je ne crois pas à la médecine», si des personnes autorisées n'y avaient apporté une apparence de valeur.

Avec un profond regret et pour l'avoir entendu de mes propres oreilles, je suis obligé de reconnaître que des hommes de la profession ont osé et osent encore émettre publiquement cette énormité.

Leurs paroles irréfléchies germent et fructifient comme semences en terrain fertile et cette prétendue négation scientifique tient lieu de science à la masse qui répète par genre « je ne crois pas à la médecine », sans réfléchir qu'à la première colique elle s'empressera d'aller chercher le médecin, aux prescriptions duquel elle sera tout heureuse de croire.

Mais ici, comme en philosophie, je me hâte de dire : *distinguo*. Je fais, en effet, une distinction sérieuse et nécessaire entre les chirurgiens et les médecins et je dirai hardiment : Ce sont des chirurgiens qui prétendent ne pas croire à la médecine et qui, par leurs paroles inconsidérées, ont servi à accréditer ce scepticisme.

Je comprends à la rigueur, sans l'admettre toutefois, que des hommes habitués à manier le couteau, qui, dans leur genre, peuvent devenir de véritables artistes par leur habileté opératoire et montrer des résultats tangibles très-beaux, succès visibles auxquels ils s'habituent facilement, qui font consister toute la maladie dans la lésion locale et matérielle, pour qui les médicaments et les médications internes sont accessoires, s'étant trouvés en présence des énigmes des maladies internes et ayant eu des insuccès, aient pu émettre cette opinion pour sauvegarder leur réputation. S'il est permis de leur accorder quelque indulgence, il n'y a pas d'excuses pour les chirurgiens qui font de la médecine et les médecins surtout, qui tiendraient pareil propos.

Ce qu'il y a de pénible dans le langage inconsidéré de ces sceptiques, c'est qu'ils ne voient pas que cet inconvenant mépris de la profession qu'ils exercent leur est retourné par les malades eux-mêmes.

Et chose curieuse, il n'y a personne pour prescrire un traitement, faire de longues ordonnances médicamenteuses, courir après le client, comme ces soi-disants contempteurs de la médecine.

Le scepticisme médical est une erreur née de l'inhabileté, de la mauvaise foi, du charlatanisme, d'une mauvaise éducation ou de l'ignorance, et je n'hésiterai jamais à dire à ces sceptiques : « Si vous êtes honnêtes « et si vous ne croyez pas, renoncez à une profession « qui n'est pas un métier mais un sacerdoce. »

Le médecin est le voyant de l'intangible, le devin de l'invisible et cette vision qu'il a du mal caché est une certitude qu'il tire de la science et de sa croyance en elle. S'il n'a pas la foi, il ne possède pas la pénétration de son art.

Aussi, le vrai et bon médecin est-il fatalement un croyant.

De la balnéation chaude
dans la variole

———∙∞∞∞∙———

Le 4 février 1892, entrait à l'Hôtel-Dieu le nommé B..., âgé de 28 ans, manœuvre, atteint d'une variole confluente superbe. Il était en pleine éruption et à peine pouvait-on reconnaître une place de peau saine. La gravité n'était pas douteuse et le pronostic peu rassurant.

Comme le traitement de la variole doit obéir à trois états spéciaux :

1° A la septicémie hétérochtone de la période d'invasion et d'éruption ;

2° A la septicémie autochtone dont la fièvre secondaire est le produit ;

3° A la septicémie autochtone due à une sorte de dépuration incomplète du sang ;

Je pensai que le seul moyen d'améliorer le pronostic était sinon d'annihiler, tout au moins d'atténuer la septicémie autochtone.

Le traitement suivant fut donc prescrit :

1° Matin et soir, un grand bain à 33°. — Durée 5 à 10' avec lavage de la tête et de la figure pendant toute la durée du bain ;

2° A la sortie du bain, coucher le malade dans des draps très propres et lui donner immédiatement une tasse de thé punché très chaud ;

3° S'il y a des surfaces suppurantes, les saupoudrer de lycopode ;

4°Toutes les heures, une cuillerée à soupe de la potion suivante:

Rp. Acétate d'ammoniaque ... 10.00
Sirop de sucre blanc..... 60.00
Hydrolat............. 90.00

f. s. a. Potion.

5° Gargarisme émollient boriqué ;

6° Tenir les fenêtres ouvertes le plus possible et laisser pénétrer largement la lumière solaire ;

7° Alimenter le malade autant que faire se pourra, lui donner du bon et vieux vin ;

8° Veiller au bon fonctionnement de l'intestin ;

9° Si le malade n'urine pas convenablement, lui faire boire beaucoup d'eau fraîche.

Ce traitement ne fut modifié qu'à la période desquamative, qui arriva très-rapidement.

La nouvelle prescription fut :

1° Tous les matins un grand bain avec 100 gr. de S. C. de soude. — Tempér. 33°, — Durée 15' — Immédiatement après, recoucher le malade dans un lit ayant des draps intacts ;

2° Forte alimentation, bon vin ;

3° Dans l'après-midi, laisser lever le malade.

Il n'y a jamais eu cette odeur spéciale repoussante et habituelle à cette maladie; pas de délire, fièvre modérée à la période de suppuration.

Entré à l'Hôtel-Dieu le 6me jour de la maladie, présentant l'aspect facial décrit par Morton : « *Pergamenœ speciem visu horrendam cutis faciei exhibet* ». Le malade était guéri le 37me jour, c'est-à-dire qu'à cette date, la chute des croûtes et la régénération de l'épiderme étaient complètes.

Toutefois, par précaution et sur la demande du malade qui craignait toujours de contaminer sa femme et ses enfants, il ne sortit de l'hôpital que le 17 mars 1892.

Le malade, que j'ai revu longtemps après, est très peu marqué.

Si l'on compare cette observation avec les descriptions données, on voit que, pour une variole de cette gravité, le résultat est à signaler.

Depuis cette époque, huit cas de variole discrète ou cohérente ont été traités par la balnéation chaude et avec le même succès.

L'observation du dernier de ces cas étant récente, je la transcris, à titre de renseignement pouvant avoir quelque utilité :

L. B. 4 ans, non vaccinée, fille d'ambulants. — Eruption variolique le 3ᵐᵉ jour de la maladie ; le 4ᵐᵉ jour, l'éruption est cohérente-confluente et l'enfant entre à l'Hôtel-Dieu (4 avril 1896);

Le 5ᵐᵉ jour, la prescription suivante est faite :

1° Grand bain à 33°, avec 10 gr. d'acide salicylique. — Durée 5' ;

2° Après le bain, une tasse de thé bien chaud, recoucher l'enfant dans des draps très propres ;

3° toutes les heures, une cuillerée à soupe de la potion suivante :

rp. Acétate d'ammoniaque 3.00
Sirop de sucre blanc 60.00
Hydrolat 90.00
f. s. a. Potion ;

4° Aération. — Alimenter autant que possible.

Cette prescription ne sera changée que sur avis.

Le 6ᵐᵉ jour. — Maturation manifeste ;

Le 7ᵐᵉ jour. — Il est prescrit :

1° 2 bains par jour et tous les jours. — Même prescription que le 5 avril pour le reste.

Les pustules se rompent dans le bain. — Toux quinteuse ;

Le 8ᵐᵉ jour. — Les pustules rompues sont croûtées ;

Cette croûte est légère, peu épaisse, noirâtre ;

Le 10me jour. — Les croûtes formées tombent dans le bain ;

Le 14me jour. — Desquamation générale, il n'y a plus sur la face, trace de croûte ;

Le 17me jour. — Desquamation complète, sauf encore quelques croûtes sur les pieds; la toux a cessé ;

Traitement. — Un bain tous les matins. — Alimentation au gré de l'enfant ;

Le 19me jour. — Régénération complète de l'épiderme. — L'enfant peut sortir de l'Hôtel-Dieu, mais par prudence est maintenue jusqu'au 23 avril 1896.

La température la plus élevée a été 39°5 ; le 12me jour elle était de 36°3.

Cette variole cohérente-confluente était jugée le 19me jour.

Si on la compare à la variole discrète classique, le traitement par la balnéation chaude (1) montre nettement son efficacité et je crois pouvoir avancer que l'action bienfaisante de cette balnéation chaude quotidienne et bi-quotidienne est à la variole ce qu'est à la fièvre typhoïde la balnéation froide, avec cette différence toutefois que la balnéation chaude peut être employée chez les tout jeunes enfants.

---

(1) Cette thérapeutique est entrée dans la pratique courante de l'Hôtel-Dieu.

De la Scille dans les maladies du cœur

Scille, *scilla maritima*, liliacée connue de toute antiquité — Hippocrate, Dioscoride.

C'est un des plus puissants diurétiques connus.

Cette propriété diurétique et la thèse du Dr Mouchot (1) me firent expérimenter, depuis 1885, cette substance dans les maladies du cœur, dans l'hyposystolie et l'asystolie avec œdème. Les résultats obtenus furent excellents et je me suis demandé pourquoi ce médicament si utile, si efficace, était si peu employé...

Formules :

rp. Vin blanc *naturel*................... 500.00
Poudre de Scille récemment pulvérisée . 6.00
Laudanum de Sydenham .... 40 gouttes.

F. s. a. Un macéré de 12 heures, en ayant soin d'agiter de temps en temps.

Filtrer.

A prendre de 3 à 4 cuillerées à soupe par jour, soit avec une tasse de bouillon, soit avant les repas, pour faciliter la tolérance stomacale.

On peut aussi employer la formule suivante, de la même façon et dans les mêmes conditions :

rp. Vin blanc *naturel*................... 250.00
Eau de fontaine 250.00
Poudre de Scille récemment pulvérisée. 6.00
Laudanum de Sydenham .... 40 gouttes.
f. s. a.

---

(1) *Quelques considérations sur la Scille dans les Hydropisies,* par le Dr Alph. Mouchot. — Paris 1871.

Il faut que la poudre de squames de scille soit préparée extemporanément. Le macéré doit être *de douze heures et non de* 10 *à* 15 *jours* comme le prescrivent les auteurs et le codex. La dose de laudanum peut varier suivant la tolérance stomacale ou l'ataxie médicamenteuse des malades ; la dose de 80 gouttes pour 500 de macéré n'a jamais été dépassée par nécessité.

Jamais ce macéré n'a purgé à l'instar des drastiques ou déterminé de l'entéro-colite aigüe ; il a donné quelquefois des transsudations séreuses intestinales analogues à une diurèse, mais rien de plus. La dose de laudanum *augmentée* a remis tout en l'état.

Résultats. — 1° La diurèse se déclare 24-36 heures après, elle est abondante (j'ai obtenu jusqu'à 9 litres d'urine en 24 heures ;

2° Régularisation des contractions du cœur ;

3° Pas d'effet accumulatif ;

4° Il peut être employé longtemps et quotidiennement sans besoin d'augmenter les doses (ce macéré a été employé pendant 14 *mois* 13 *jours* par le même malade, sans interruption) ;

5° L'action cesse de 24 à 48 heures après l'abandon du médicament.

Voici brièvement le cas le plus typique :

Pas...., vigneron, 54 ans, cardiaque valvulo-aortique et artério-scléreux, a eu en 1885 une attaque d'hémiplégie avec aphasie-*restitutio ad integrum*, sauf pour l'aphasie ; la parole est restée embarassée, hésitante.

En février 1888. — Crise d'asystolie (représentant le tableau classique) avec hydropisie remontant jusqu'à l'appendice zyphoïde.

Emploi du macéré de Scille — 24 heures après, émission de 9 litres d'urine. — La polyurie persiste sous l'influence de la Scille et le malade se remet rapidement de cette grave atteinte.

A partir de ce moment, il ne vit plus qu'avec ce macéré ; il a repris son travail de vigneron, porte des fardeaux, etc.

Sitôt qu'il interrompt quelques jours son traitement, les jambes enflent.

— Sans ma drogue, dit-il au pharmacien, je ne puis pas aller.

Le 14 mai 1889, à la suite d'une violente émotion, Pa... est frappé d'hémorrhagie cérébrale (hémiplégie droite avec hémianesthésie).

Le traitement à la Scille est abandonné, il a été employé 14 mois 13 jours.¹

Toutefois le malade se tire d'affaire avec une hémiplégie définitive. Il vit encore, n'est jamais malade et fume des pipes avec une béate quiétude.

Cette observation se passe de commentaires.

L'emploi de la scille est contre-indiqué toutes les fois que le tissu glandulo-bronchique est altéré, toutes les fois qu'il y a des accidents du côté des bronches.

J'ai cherché à m'expliquer cette contre-indication et j'ai trouvé l'hypothèse suivante.

Toute lésion valvulaire non compensée a pour conséquences :

(¹)

1° Stase et hypotension veineuses ;

2° Ischémie et hypotension artérielles.

Or, la scille agirait comme vaso-dilatateur sur les artères, d'où augmentation du calibre de ces vaisseaux, d'où augmentation et amplitudes des contractions du cœur et déplétion du système veineux.

Mais si la muqueuse bronchique est le siège d'un état irritatif, fluxionnaire, la dilatation hypertensive artérielle augmentera cet état et nous aurons alors une augmentation fluxionnaire et sécrétoire catarrhale qui viendra accroître la gêne respiratoire ; et, l'expectoration accompagnée de quintes de toux fréquentes et fatigantes, devenant très abondante, force sera de cesser l'usage de la scille.

Cette hypothèse sur l'action de la scille m'a amené

(1) Au lieu de hypotension, il faut lire *hypertension*.

à penser qu'elle pourrait être utile dans les ischémies cardiaques artério-scléreuses.

Les quelques expériences que j'ai pu faire à ce sujet, paraissent devoir encourager cette thérapeutique. (1)

---

(1) Ces observations seront publiées.

Notes sur le Corset chez les femmes

PROFESSION	AGE	TOUR DE LA TAILLE	TOUR DU CORSET	CONSTRIC-TION	MALADIES
Sans	25	0.675	0.605	0.07	Dilatation de l'estomac, gastralgie.
Domestique	18	0.70	0.63	0.07	Dilatation de l'estomac, gastralgie-dysménorrhée.
Domestique	17	0.65	0.56	0.09	Dilatation de l'estomac, anémie.
Ouvrière en robes .	20	0.735	0.60	0.135	Hépatalgie — foie en gourde.
Vigneronne.......	25	0.68	0.59	0.09	Dilatation de l'estomac, hématémese matinale quotidienne.
Femme de ménage	33	0.78	0.67	0.11	Costalgie.
Domestique	22	0.69	0.61	0.08	Dilatation de l'estomac, anémie.
Domestique	22	0.72	0.635	0.085	Costalgie-anémie.
Employée d. postes	18	0.65	0.555	0.095	Dilatation de l'estomac.
Cuisinière	18	0.72	0.62	0.10	Chlorose, dilatation de l'estomac
Elève à l'école normale.	16	0.64	0.555	0.085	Gastralgie, vomissements rebelles, anémie.
Servante de café ..	17	0.62	0.55	0.07	Malaise général non défini par la malade.
Ouvrière	22	0.70	0.615	0.085	Dilatation stomacale, gastralgie, anémie.
Ouvrière	17	0.63	0.57	0.06	Troubles gastro-hépatiques.
Mariée de 3 mois .	18	0.70	0.62	0.08	Chlorose, dilatation de l'estomac
Sans	19	0.68	0.58	0.10	Chlorose.
Ouvrière	20	0.61	0.55	0.06	Chlorose, dilatation de l'estomac
Domestique.	21	0.80	0.69	0.11	Hépatalgie, anémie.
Cuisinière	22	0.78	0.68	0.10	Hypertrophie du foie, dilatation de l'estomac
Ouvrière	19	0.63	0.57	0.06	Troubles gastro hépatiques.
Domestique	22	0.72	0.625	0.095	Troubles gastriques.
Domestique	19	0.74	0.63	0.11	Troubles gastro - hépatiques, dysménorrhée. — A eu ulcère de l'estomac, suite d'hyperchlohydrie, a conservé toux gastrique.
Domestique	18	0.71	0.58	0.13	Chlorose.
Ouvrière	21	0.68	0.56	0.12	Chlorose.
Repasseuse apprtie..	16	0.67	0.54	0.13	Chlorose.
Ouvrière	22	0.61	0.52	0.09	Chlorose.
Ouvrière	18	0.72	0.57	0.15	Chlorose.
Sans	22	0.71	0.57	0.14	Dyspepsie, gastralgie, hépatalgie.
Ouvrière	20	0.545	0.47	0.075	Gastralgie.
Repasseuse apprtio.	15	0.67	0.57	0.10	Dilatation de l'estomac.

Si l'on additionne, on obtient pour ces 30 personnes les chiffres suivants :

Tour de la taille....	20 mètres 565
Tour du corset.....	17 mètres 690
Soit.....	2 mètres 875 de constriction.

Si, donc, l'on supposait une femme ayant une taille de 20 mèt. 565, et que cette femme voulut porter un corset pour se faire une taille dite élégante, il lui faudrait se serrer de près de 3 mètres.

Que deviendraient alors les organes renfermés dans ces 3 mètres de circonférence ? Où iraient-ils se loger ? Une partie remonterait pour faire sur le devant de la poitrine deux protubérances disgracieuses, une partie descendrait pour grossir le ventre qui, devenant saillant et pointu, ferait croire à un état intéressant. Cette femme ressemblerait à une gourde de pèlerin ; ce serait grotesque comme forme, sans compter les maladies qui forcément en résulteraient. Ce qui existe ici en grand, existe en petit, n'en déplaise à cette partie du genre humain que l'on est convenu d'appeler le beau sexe !

Je me demande quel besoin la femme éprouve de se déformer ? Se trouve-t-elle donc trop belle et trop séduisante pour amoindrir ses charmes ?

Je comprends le corset pour les femmes grosses et grasses devenues sans forme. Je le comprends pour les femmes mal faites ou qui ayant de l'atrophie ou de la faiblesse des muscles des lombes ou du dos, ont besoin de tuteur. Mais une femme bien proportionnée, bien portante, quelle pensée peut la pousser à se déformer ainsi et à se rendre malade, alors qu'elle aurait tant d'avantages à rester ce que la nature l'a faite ?

Pour toute conclusion, je n'ai jamais obtenu d'autre réponse plus sérieuse que celle-ci : « C'est la mode » !

Service Médical des Femmes

Salle Saint-Joseph et Grande-Salle.— *26 lits*

STATISTIQUE. — ANNÉE 1895

FILLE	FEMME	AGE	DIAGNOSTIC	État aigü				État chronique				Journées d'Hôpital
				Guéri	Amélioré	Devenu chronique	Mort	Guéri	Amélioré	Non amélioré	Mort	
	1	54	Pyléphlébite adhésive ...								1	202
	1	71	Cancer abdominal								1	61
1		16	Excitation cérébrale.....	1								31
	1	57	Asthme et emphysème...						1			26
	1	60	Bronchite grippale.......	1								8
	1	34	Bronchite grippale	1								8
	1	34	Métrorrhagie hystérique.	1								39
1		25	Tuberculose péritonéale et pulmonaire				1					110
1		6	Impetigo de la face et du cuir chevelu	1								30
	1	67	Phlébite					1				20
	1	54	Lumbago		1							3
	1	53	Erysipèle de la face......	1								8
	1	53	Erysipèle nasal.f........	1								6
	1	38	Courbature fébrile.......	1								20
	1	69	Ramollissement cérébral.							1		14
1		13	Fièvre typhoïde grave ...	1								101
1		62	Congestion pulmonaire ..					1				4
	1	40	Bronchite chronique.....						1			37
1		25	Méningite grippale......					1				3
	1	38	Courbature fébrile.......	1								15
1		68	Fièvre grippale..........	1								29
1		69	Courbature fébrile.......	1								17
1		15	Courbature	1								5
	1	86	Catarrhe suffocant......					1				4
1		30	Pneumonie infectieuse...					1				9
1		25	Laryngite suspecte						1			42
	1	33	Anémie (par misère)....						1			45
	1	30	Rhumatisme									13
11	17		A reporter....	14	1		6	4	1		2	910

FILLE	FEMME	AGE	DIAGNOSTIC	État aigü				État chronique				Journées d'Hôpital
				Guéri	Amélioré	Devenu chronique	Mort	Guéri	Amélioré	Non amélioré	Mort	
11	17		*Report*........	14	1		6		4	1	2	910
	1	29	Métrite	1								35
	1	28	Eczéma						1			14
	1	53	Alcoolisme.						1			14
	1	36	Congestion utérine	1								19
1		13	Fièvre typhoïde	1								34
1		18	Chlorose						1			30
1		12	Gastralgie	1								11
	1	35	Pneumonie droite	1								17
	1	72	Hémorrhagie cérébrale ..				1					5
	1	63	Bronchite.		1							16
1		19	Herpès nasal	1								17
1		55	Impetigo de la face					1				38
1		31	Echthyma impétigineux..					1				28
1		13	Anémie de misère						1			29
	1	79	Albuminurie								1	12
1		10	Anémie de misère						1			53
1		24	Laryngite.	1								12
	1	58	Cancer de l'estomac								1	27
	1	53	Hypochondrie......... :...							1		10
1		25	Fièvre grippale.........	1								5
1		14	Chloro-anémie						1			42
1		22	Fièvre grippale	1								10
1		24	Hystérie							1		6
1		12	Embarras gastrique fébrile................	1								9
	1	51	Albuminurie								1	19
1		16	Congestion du foie	1								15
1		49	Fièvre grippale..........	1								17
1		46	Rhumatisme chronique progressif						1			13
	1	37	Diarrhée infectieuse.....	1								45
	1	54	Polysarcie							1		64
	1	58	Diarrhée bilieuse........	1								13
1		11	Pleuro-pneumonie droite.	1								30
1		21	Epilepsie						1			59
	1	51	Sciatique gauche		1							16
	1	40	Hystérie							1		32
1		18	Chloro-anémie							1		33
	1	73	Névralgie intercostale ...	1								15
	1	60	Bronchite chronique.....								1	43
	1	68	Fièvre grippale..........	1								11
31	36		*A reporter*.....	31	3		7	2	12	6	6	1828

FILLE	FEMME	AGE	DIAGNOSTIC	État aigü				État chronique				Journées d'Hôpital
				Guéri	Amélioré	Devenu chronique	Mort	Guéri	Amélioré	Non amélioré	Mort	
31	36		*Report*........	31	3		7	2	12	6	6	1828
	1	38	Métrorrhagie...........	1								37
1		17	Bronchite...............	1								60
1		26	Tuberculose intestinale..							1		111
	1	61	Albuminurie...........								i	65
	1	26	Fluxion de poitrine (gestation)...............	1								54
	1	42	Abcès amygdalien.......		1							5
	1	42	Courbature.............	1								14
1		22	Laryngo-bronchite (chronique)................						1			33
	1	68	Athrepsie...............								1	37
1		20	Fièvre grippale	1								8
1		15	Dégénérée anémique						1			47
	1	63	Alcoolisme........							1		25
	1	29	Rhumatisme articulaire..	1								11
	1	68	Erysipéle de la face......	1								41
	1	30	Endométrite après accouchement...............	1								47
	1	56	Rhumatisme............	1								14
1		16	Anémie...............						1			57
1		19	Echthyma impétigineux..					1				22
	1	60	Courbature	1								15
	1	41	Péritonite puerpérale purulente-abcès du foie...				1					20
1		16	Anémie...............						1			29
	1	77	Courbature	1								6
	1	53	Sclérose en plaques								1	20
	1	59	Hystérie...............							1		10
1		17	Embarras gastrique	1								7
1		19	Erythème polymorphe...	1								27
1		61	Fièvre grippale anémie..	1								90
	1	63	Emphysème pulmonaire..								1	68
1		20	Echthyma impétigineux..					1				7
1		21	Tuberculose intestinale..							1		17
1		15	Angine pultacée........	1								10
1		9	Bronchite...............	1								17
1		21	Courbature	1								17
1		6	Tricophytie du cuir chevelu							1		16
	1	27	Fièvre prætuberculeuse...	1								65
1		43	Hystérie...............							1		8
	1	73	Artério sclérose........							1		34
49	55		*A reporter*.....	49	4		8	4	16	13	10	2990

FILLE	FEMME	AGE	DIAGNOSTIC	État aigü				État chronique				Journées d'Hôpital
				Guéri	Amélioré	Devenu chronique	Mort	Guéri	Amélioré	Non amélioré	Mort	
49	55		*Report*	49	4		8	4	16	13	10	2990
	1	60	Zona						1			36
1		63	Fièvre grippale	1								4
	1	40	Courbature	1								16
	1	77	Albuminurie								1	17
1		31	Courbature	1								25
	1	63	Albuminurie								1	10
	1	53	Rhumatisme chronique progressif						1			30
1		18	Courbature..........	1								8
	1	70	Délire alcoolique						1			19
1		21	Hystérie............							1		7
1		15	Anémie.............						1			28
1		26	Anémie.............					1				119
1		16	Anémie.............						1			12
1		20	Fièvre grippale........	1								4
1		32	Tuberculose pulmonaire.							1		5
1		17	Impetigo du cuir chevelu						1			7
1		17	Anémie.............						1			5
1		14	Bronchite chronique......							1		4
1		80	Catarrhe suffocant					1				9
	1	41	Cancer abdominal......							1		13
1		22	Hystérie............							1		16
1		60	Fièvre grippale	1								29
1		35	— —	1								18
1		62	— —	1								7
1		18	— —	1								3
	1	45	Albuminurie passagère..					1				19
	1	60	Gastralgie						1			25
1		18	Anémie (de misère)......						1			28
	1	67	Bronchite	1								37
	1	28	Hystérie............						1			10
	1	43	Fièvre grippale........	1								14
1		17	Chlorose.............						1			54
	1	71	Artério-sclérose........						1			35
1		14	Typhlite............	1								25
1		26	Maladie de Parry-Graves							1		18
1		39	— —							1		28
1		18	Fièvre typhoïde........	1								63
1		8	— —	1								26
	1	35	Tuberculose péritonéale et pulmonaire								1	30
74	69		*A reporter*.....	63	4		9	6	27	22	12	3853

FILLE	FEMME	AGE	DIAGNOSTIC	Etat aigü				Etat chronique				Journées d'Hôpital
				Guéri	Amélioré	Devenu chronique	Mort	Guéri	Amélioré	Non amélioré	Mort	
74	69		*Report*	63	4		9	6	27	22	12	3853
	1	73	Gale					1				28
	1	76	Albuminurie					1				48
1		73	Courbature	1								34
	1	57	Albuminurie								1	6
1		8	Embarras gastrique	1								7
1		14	Méningite tuberculeuse				1					10
1		8	Impetigo du cuir chevelu							1		4
1	1	64	Fièvre grippale	1								6
1		25	Dysménorrhée congestive asthénique					1				40
1		38	Leucorrhée						1			10
1		60	Gastralgie	1								10
1		17	Endocardite rhumat.			1						46
	1	38	Hystérie (paralysie)							1		62
1		19	Ataxie menstruelle douloureuse							1		10
1		30	Hystérie							1		15
	1	76	Dyspepsie par vice d'hygiène					1				123
1		22	Hystérie (pseudo méningite)					1				13
	1	50	Bronchite chronique						1			36
	1	77	Cancer de l'estomac								1	38
	1	44	Tuberculose pulmonaire						1			27
	1	37	Syphilis tertiaire						1			69
1		5	Dilatation stomacale par vice d'hygiène					1				52
	1	71	Asthme et emphysème						1			101
	1	47	Cardiopathie valvulaire						1			64
1		24	Tuberculose pulmonaire								1	62
	1	74	Sciatique droite						1			22
	1	19	Constipation opiniâtre						1			12
1		7	Embarras gastrique fébrile	1								21
1		19	Hystérie							1		12
1		5	Emb. gastr. fébrile	1								21
	1	60	Bronchite chronique						1			35
90	84			69	4	1	10	12	35	28	15	4897
7	25		Séniles, infirmes, incurables								6	1819
97	109			69	4	1	10	12	35	28	21	6716

Mortalité : Etat aigü, 10 pour 84.

Etat chronique, 15 pour 90.

Séniles, infirmes, incurables, 6 pour 32.

Amélioration : Etat aigü (1), 4 pour 84.

Etat chronique, 35 pour 90.

Guérison : Etat aigü, 69 pour 84.

Etat chronique, 12 pour 90.

Quant aux infirmes, incurables et séniles admis, ils l'ont été par charité et humanité, par la bonne volonté du médecin et la tolérance de l'administration, bien que la circulaire ci-dessous soit formelle, et malgré l'état des finances (2) de l'Hôtel-Dieu, qui a eu tant à souffrir de la crise agricole et phylloxérique.

Admission des malades à l'Hôtel-Dieu (3)

« Des difficultés se produisant souvent lors de la présentation des malades à l'Hôtel-Dieu, la Commission administrative des Hospices de Beaune croit devoir exposer à MM. les Maires des communes intéressées les règlements et conditions qui déterminent l'admission des malades.

Il importe d'abord de faire observer que l'admission à l'Hôtel-Dieu est avant tout subordonnée, non-seulement aux lits disponibles, mais encore au cas dans lequel se trouve le malade. On ne doit pas oublier que la destination d'un hôpital est en faveur des *malades*

---

(1) Ces améliorés sont des malades ayant demandé leur sortie avant leur guérison.

(2) En 1895, l'Hôtel-Dieu a eu 15,009 fr. d'excédents de dépenses.

(3) Il est regrettable que la Municipalité n'ait pas cru devoir appliquer la loi du 15 juillet 1893 sur l'assistance médicale gratuite et que le Préfet n'ait pas tenu la main à l'exécution de cette loi, faite pour les pauvres et les malheureux !

*pauvres, susceptibles d'être guéris ou traités utile-
ment.* En un mot, les infirmes et incurables, quelque
grave et intéressant que soit leur état, ne peuvent y
être reçus. Conséquemment, lorsqu'un malade se présente, même muni d'un certificat de médecin concluant
à son entrée à l'hôpital, il n'y sera maintenu qu'autant
que les médecins attachés à l'établissement auront jugé
qu'il peut en être ainsi. Etc., etc. »

Signé : J. RICAUD,

*Vice-Président de la Commission
administrative des Hospices.*

Sur l'Hypnotisme [1]

Les expériences de M. Donato sont-elles vraies ?
Telle est la question qui se pose pour la centième fois
peut-être et laisse bien des gens dans le doute, tandis
que d'autres y voient quelque chose de surnaturel, une
intervention diabolique, par exemple.

Je laisse de côté ce qu'il y a d'agréable et d'amusant
dans la représentation donnée avec beaucoup de talent
par M. Donato, à qui je reconnais une certaine habileté et que je mets ici hors cause. Je resterai dans le
domaine scientifique et je répondrai : L'hypnotisme est
vrai, dégagé des pratiques plus ou moins fantaisistes
mais nécessaires aux magnétiseurs de profession, et
ressortit du domaine *naturel* de la science médicale.

C'est un ensemble de phénomènes d'origine nerveuse
dont la médecine s'est emparée, qu'elle étudie avec
méthode et qui devraient lui être exclusivement réser-
vés; car, entre les mains d'ignorants prétentieux et de
farceurs inconscients (il n'en manque pas), l'hypnotisme peut être la source de dangers sérieux ou de
graves inconvénients.

Je passerai sous silence l'historique de la question.
Ce serait trop long, car il me faudrait remonter aux
Voyants Chaldéens, faire une excursion chez les Esprits
frappeurs des Babyloniens, aller consulter la Pytho-
nisse d'Endor, les Sybilles grecques ou romaines, sans

---

[1] *Revue Bourguignonne*. 15 janvier 1889.

oublier les Fakirs et les Djoguis de l'Inde, qui, depuis plus de deux mille ans, pratiquent l'hypnotisme dans un but de dévotion.

Jusqu'en 1842, le magnétisme animal, le somnambulisme provoqué étaient regardés comme venant du magnétiseur qui lançait son fluide, comme l'araignée son fil, et soumettait à son pouvoir discrétionnaire, curateur ou charlatanesque, le sujet sur lequel il opérait. Il y avait donc un vaste champ d'exploitation, puisque l'opérateur était regardé comme le seul agent actif. C'est ce que prouve surabondamment la lecture des écrits, faits et gestes de Mesmer, Barbarin, de Puységur, Petetin, Deleuze, A. Bertrand, Georget, du Potet. Seul l'abbé Faria, en 1815, avait entrevu la vérité.

Il faut arriver à *Braid* (1842), *chirurgien* de Manchester, pour faire rentrer les phénomènes magnétiques dans la voie scientifique. A la suite d'expériences sur Mme Braid, sur son ami Valker, sur un domestique et d'autres personnes, Braid en tirait les conclusions suivantes : que l'état physique et phsychique du sujet était tout, que de cet état seul dépendait la production des phénomènes et qu'en conséquence, ni les passes destinées à lancer le fameux fluide, ni la volonté de l'opérateur, ni aucun agent surnaturel ne pouvaient être invoqués comme agents producteurs. *Braid* appela ces phénomènes, *sommeil nerveux :* c'est l'hypnose ou hypnotisme.

Cette opinion est admise aujourd'hui et l'on pourrait comparer le magnétiseur à un accoucheur. Il accouche les gestes, actions, sensations, idéations existant dans les cellules nerveuses cérébrales déviées de leur fonctionnement normal; mais il ne les crée pas.

Les faits exposés par Braid étaient un véritable programme qu'ont étudié et développé les médecins de notre époque.

Ainsi Braid avait reconnu : que certains sujets étaient réfractaires : que d'autres ne subissaient l'hypnose qu'à un faible degré : que chez ceux-ci le sommeil nerveux était accompagné de perte de volonté avec oubli total au réveil : que l'automatisme, l'insensibilité cutanée, l'hyperesthésie, la catalepsie, étaient des phénomènes hypnotiques. L'action des courants d'air et l'hypnotisme par suggestion ne lui avaient pas échappé.

Qu'a-t-on fait de plus ? En 1880, Heidenheim, de Breslau, confirma l'opinion de Braid en démontrant que tout, dans les phénomènes magnétiques, est d'ordre subjectif et ne dépend absolument que des conditions somatiques et psychiques de la personne en expérience. La preuve en est que si un hypnotiseur expérimente de la même façon, par les mêmes procédés, avec la même intensité d'action, sur plusieurs personnes, celles-ci seront influencées à des degrés très différents et très inégaux, ce qui en rapport avec cet adage : *tot capita tot sensus :* autant d'individus, autant d'individualités.

En médecine, l'hypnotisme est reconnu vrai, ai-je dit au début. A l'appui de cette assertion, je citerai les noms des docteurs Charcot, Bremaud, Ch. Richet, Heidenheim, Bernheim, Liébault, Beaunis, Dumontpallier, etc., etc. Même il a été défini par M. P. Richer « l'ensemble des *états particuliers* du système nerveux déterminés par des manœuvres artificielles », car l'hypnotisme comprend une échelle très vaste qui commence au plus léger degré de pesanteur ou somnolence, pour arriver à la plus complète léthargie. Il comprend la fascination, le somnambulisme, la léthargie, la catalepsie. *Pour produire l'hypnose, il faut le consentement du sujet, son attention, sa bonne volonté ou tout au moins sa neutralité ; celui qui résiste ne sera pas hypnotisable.*

Les jeunes gens, les femmes surtout, sont les sujets les plus favorables, M. Donato le sait bien ; aussi n'a-t-il demandé que des enfants ou des jeunes gens. Ce n'est pas qu'on ne puisse hypnotiser un homme, mais le terrain est moins propice. Quant aux hystériques je n'en parle pas, ce sont les sujets modèles.

Un point très important de l'hypnotisme est l'automatisme, c'est-à-dire la suspension de la volonté, suspension qui est indépendante même du sommeil, car l'hypnotisé qui a conservé la conscience de lui-même et du monde extérieur est un automate même plus parfait que l'hypnotisé inconscient. Dans l'automatisme, le cerveau cesse d'agir *sponte suâ ;* il est réduit à l'état de machine, il attend sa mise en action : il fonctionne par ordre.

A l'automatisme viennent se joindre les phénomènes psychiques, hallucinations, illusions sensorielles ou sensitives, hyperexcitabilité, tous phénomènes bien faits pour jeter le trouble dans l'esprit de ceux devant qui se passent ces phénomènes et que cependant la science peut et pourra expliquer.

En général, nous jugeons les facultés émanant du système cérébro-spinal d'après ce que nous voyons communément. Mais le médecin, trop souvent obligé de lutter contre les débordements nombreux de ce torrent, qui a nom système nerveux, y voit bien d'autres choses.

Quand on met en parallèle le génie poëtique de Victor Hugo, où *la folle du logis* s'est élevée, comme l'aigle dans les airs, à la hauteur des astres, le génie militaire et administratif du grand Napoléon, l'état mental de ces fous auxquels il ne manque pour être de grands hommes que la réussite, et les maladies nerveuses qui sont du domaine commun de tous praticiens, quand on sonde les profondeurs de la science moderne, quand on réfléchit aux travaux de Galilée (*e pur se muove!*) de Képler, Arago, etc., qui scrutèrent l'immensité de la voûte céleste et découvrirent les grandes lois qui président au mouvement des astres, et qu'à côté de ces intelligences d'élite on rencontre les crétins du Valais, on s'arrête surpris, hésitant et l'on se demande quelles sont les limites de la grandeur ou de l'abaissement des facultés de l'homme ?

Qu'est-il donc besoin d'invoquer le surnaturel, lorsque des faits comme l'hypnotisme se présentent ?

Nous tenons de Dieu, par le souffle (*spiritus*) dont il anima Adam, une puissance, principe actif de tout être pensant, inhérente à notre création et servie par des organes que nous pouvons développer ou amoindrir ; question d'instruction, question d'éducation.

Sortis, par la chûte du premier homme, de l'état d'équilibre dans lequel nous avions été originellement créés, nous subissons les états morbides et pervertis, inhérents à notre état secondaire matériel. C'est dans cet état matériel qu'il faut chercher les secrets de l'hypnotisme.

Aussi, les physiologistes, comme les pathologistes, en ont-ils cherché le siège. Ayant observé que les phénomènes hypnotiques consistent dans un arrêt ou suspension plus ou moins complet et progressif des fonctions intellectuelles ainsi que dans leur exaltation fonctionnelle, et comme d'autre part, on est généralement d'avis que les facultés intellectuelles ont pour siège matériel la couche superficielle (corticale ou

grise) des hémisphères cérébraux, ils en conclurent
que ces phénomènes étaient dûs à une suspension ou à
une exaltation plus ou moins intense, partielle ou complète de l'activité de cette couche.

Charcot en a expliqué le mécanisme quand il a
écrit :

« L'acte initial par lequel un individu est jeté dans
l'hypnotisme n'est qu'une irritation périphérique (d'un
sens, de la peau) ou centrale (influence d'une idée ou
d'une émotion) qui produit une diminution ou une augmentation de puissance dans certains points de l'axe
cérébro-spinal. L'hypnotisme n'est rien autre chose que
l'état très complexe de perte ou d'augmentation d'é-
nergie dans lequel le système nerveux ou d'autres
organes sont jetés sous l'influence de l'irritation première, périphérique ou centrale. Essentiellement donc,
l'hypnotisme n'est qu'un effet et un ensemble d'actes
d'inhibition (suspension) et de dynamogénie (exaltation). »

Comment donc devons-nous, en l'état actuel de la
science, considérer l'hypnotisme ?

Comme quelque chose de surnaturel ? Comme une
maladie ? Comme une modification transitoire du fonctionnement du système nerveux ?

L'hypnotisme doit être regardé comme une *modification transitoire provoquée du dynamisme cérébral*,
ce qui fait qu'en dehors de la vraie médecine, la pratique de l'hypnose présente de très graves dangers pour
l'hygiène publique et la morale.

De la responsabilité chez les hypnotisés et les alcooliques

Mon cher Rédacteur, (1)

Je viens de lire l'article « l'Hypnotisme et Gabrielle Bompard » que vous avez eu l'obligeance de m'envoyer.

L'auteur de l'article écrit : « Là-bas, à Lille, dans son pays natal — je tiens le fait d'un voisin des malheureux parents — Gabrielle servait de jouet aux magnétiseurs de la Kermesse ; elle s'abandonnait, en outre, à des expérimentateurs amateurs, et elle y a gagné une maladie nerveuse », et plus loin, il ajoute : « Mais de même que l'habitude une fois prise s'empare de la vie, la dirige en maîtresse souveraine et marque la défaillance des responsabilités, ainsi l'hypnotisme gouverne le sujet. C'est une absorption totale : *donc, irresponsabilité absolue* ».

Je me permets une réponse.

Une telle conclusion est grave. De plus, elle me paraît dangereuse et entachée d'erreur au point de vue de la responsabilité originelle. En dehors des faits matériels qui servent habituellement à former notre opinion, nous devons tenir compte de l'examen moral et scientifique des causes premières. Celles-ci peuvent souvent la modifier en l'éclairant, surtout s'il s'agit

---

(1) A M. Arthur Batault, rédacteur de la *Revue Bourguignonne*, 24 juin 1890.

des deux grandes plaies qui menacent de plus en plus
de détruire le libre arbitre : l'hypnotisme et l'alcoo-
lisme,

Au point de vue de la responsabilité, on peut assi-
miler l'hypnotisé et l'alcoolique.

Le premier a été soumis aux manœuvres de l'hypnotisme, le second a subi les influences des boissons
alcooliques sous quelque forme que ce soit.

Chez l'un et l'autre, le dynamisme cérébral est trou-
blé, détraqué, non seulement dans l'ordre physique
mais encore dans l'ordre moral. L'un et l'autre ont
subi les conséquences de l'action d'un agent étranger
auquel ils se sont *volontairement* soumis.

Quand un être humain abandonne *volontairement*
et en connaissance de cause sa liberté, il est de toute
évidence qu'il a sa part de responsabilité dans les
crimes ou délits qu'il pourra commettre, sous l'influence de l'agent auquel il aura fait abandon de sa
liberté, que cet agent soit une boisson, un Donato ou
autre, peu importe.

Il est une distinction subtile que l'on a essayé d'éta-
blir entre l'hypnotisme proprement dit et la suggestion à l'état de veille. Ce à quoi les médecins ont ré-
pondu que la suggestion à l'état de veille ne s'observait
que chez les sujets déjà antérieurement hypnotisés.

Cette distinction n'a donc pas lieu d'être établie au
point de vue criminel. Elle ne pourrait être maintenue
que si le sujet n'avait *jamais* été soumis à des épreuves
magnétiques, auquel cas il rentrerait dans le cadre des
malades vrais, ce qui est l'exception.

Et si l'on veut bien y réfléchir, nos névroses fin de
siècle dépendent de nos mœurs.

On a beaucoup trop de tendances aujourd'hui à
excuser un alcoolique, un hypnotisé ; on voit des irres-

ponsables partout, surtout des irresponsables partiels. C'est, à mon avis, fort regrettable, c'est un encouragement au mal. Cette funeste tendance vient de ce que l'on oublie la responsabilité originelle, qui fait que le malheureux commettant un acte blâmable, sous l'influence de la déchéance de ses centres nerveux et de sa volonté, est responsable de cette déchéance *primitivement consentie*.

Quel est le médecin qui n'a reçu d'un alcoolique cette réponse : « Je sais bien que je fais mal, mais après moi le déluge »? N'y a-t-il pas, dans cette phrase, l'aveu de sa responsabilité et sera-t-il excusable d'un crime ou d'un délit qu'il commettra sous l'influence du poison ingéré quotidiennement ?

L'hypnotisé ne sait-il pas aussi ce qu'on va faire de lui ? Les grandes affiches collées sur les murs ne donnent-elles pas les détails des diverses phases qu'il traversera sous l'impulsion du magnétiseur forain. Donato, de passage à Beaune, n'a-t-il pas prouvé jusqu'à quel point la volonté peut être annihilée ? Celui qui se soumet volontairement aux manœuvres hypnotiques, n'est-il pas dans les mêmes conditions que l'alcoolique ?

Quand les Ministres de la Guerre et de la Marine interdirent aux médecins des armées de terre et de mer la pratique de l'hypnotisme sur leurs hommes, on fut très surpris. Mais réflexion faite, ils eurent raison.

L'hypnotisme créant un trouble dans le dynamisme cérébral, une susceptibilité nerveuse spéciale, un état d'irresponsabilité *de fait*, les ministres voulurent éviter de graves inconvénients, surtout dans des milieux comme les casernes et les navires où l'élément curieux et ignorant domine. Les médecins pâtirent scientifiquement d'une mesure préventive qui ne les concernait en rien, mais qu'une discipline bien entendue imposait.

L'hypnotisé et l'alcoolique sont des êtres déchus volontairement par abandon de leur liberté, bien inaliénable auquel personne n'a le droit de toucher et que nous devons même défendre au péril de notre vie, car sans liberté pas de libre arbitre et sans libre arbitre nous tombons dans l'esclavage moral, dernier terme de la déchéance humaine identique à l'animalité.

Si donc l'on nous demande, les hypnotisés et les alcooliques sont-ils responsables? Nous répondrons nettement :

de fait. non — ils sont inconscients dans le sommeil magnétique, les actes suggérés et dans l'excitation alcoolique ;

de droit, oui — c'est volontairement qu'ils sont dans cet état : responsabilité originelle ;

moralement, oui. — Ils ont aliéné volontairement leur liberté ;

médicalement, oui. — Ils ont soumis volontairement leur système nerveux à des excitations, à des troubles anormaux, absolument étrangers à l'ordre naturel physiologiquement établi.

Conclusion : Sont-ils responsables? oui ; punissables? oui. Et le jour où tout le monde comprendra ce qu'est la responsabilité originelle, quand tous ces névrosiaques volontaires sauront ce qu'il en coûte d'aliéner sa liberté, nous aurons certainement moins de détraqués, de dégénérés, de fous et de criminels.

De la Gymastique dans l'éducation physique des jeunes filles

« Si la gymnastique n'est pas nuisible, tout au moins elle n'est pas *utile* à l'éducation physique des filles. » Tel est le préjugé malheureusement entretenu, même par des médecins. Erreur profonde, que déjà bien souvent j'ai combattue, mais en vain ! et que je combattrai toujours avec conviction.

Dans une consultation, dans un entretien si amical fut-il, il est bien difficile de développer une thèse aussi longue et de réunir, en les condensant, tous les arguments scientifiques. Souvent, la conversation s'égare sur des détails insignifiants, et le résultat est nul pour le profit à retirer ; autant en emporte le vent. Mais un écrit reste, on y prête plus attention parce qu'on peut y réfléchir et le commenter simplement sans la préoccupation de faire de l'esprit, de belles phrases ou d'embarrasser le médecin par un de ces sophismes médico-mondains qui font trop souvent fortune en masquant l'ignorance sous les dehors de la science.

Quand on examine une question médicale, sur quoi doit-on se baser ? Sur les données scientifiques et sur les résultats pratiques obtenus.

De ce qu'à la suite d'une imprudence, d'un effort inconsidéré, d'une prouesse irréfléchie, d'une désobéissance au maître chargé de diriger des mouvements méthodiques, il arrivera un accident, est-ce une raison pour déclarer que faire de la gymnastique est un tort ? Autant vaudrait supprimer l'équitation et la cavalerie, parce qu'un cavalier s'est ou tué ou cassé un membre.

Et cependant c'est une des objections les plus fréquentes que l'on oppose aux résultats pratiques.

Depuis quelques années, la gymnastique a pris en France un essor considérable. De tous côtés se sont fondées des sociétés destinées à propager les exercices du corps. Basées sur l'histoire des peuples, ces associations tirèrent leurs arguments de ce que les Mèdes, les Perses sous la conduite de Cyrus, les Grecs, les Romains, les Gaulois nos pères avaient dû leur résistance corporelle au développement progressif, dès l'enfance, des organes et des fonctions qui président au mécanisme du rouage humain.

Trouverait-on aujourd'hui des chevaliers, comme ceux des croisades qui supportaient, pendant des mois entiers, des armures pesantes, combattaient avec des épées que les hommes de notre époque peuvent à peine manier avec les deux mains, et qui ne craignaient pas d'affronter, avec ces lourds équipements, le soleil brûlant des terres de Jaffa et de Jérusalem !

Le moindre fusil, le moindre schako est de nos jours un pesant fardeau et il faut que l'art militaire, tout en assurant la bonne qualité des armes, s'ingénie à en diminuer le poids. Aussi, pour atténuer cette faiblesse, pour l'excuser à ses propres yeux, chacun répète : « La race a dégénéré, les guerres du premier empire, en moissonnant les hommes dans la force de l'âge, ont affaibli les organismes puisqu'il ne restait que les malades, les infirmes et les vieillards comme sources de vies à venir : — les médecins broussaisiens, avec leur saignée, ont appauvri le sang. Nous sommes nés chétifs, qu'y pouvons-nous? Voilà un sophisme médico-mondain!

Qu'y pouvez-vous? Tout. N'accusez d'abord personne que vous-même. Vous êtes flétris quant à la forme et non dans votre essence, vous êtes étiolés. Supprimez les abus, supprimez les cabarets trop nombreux, supprimez les alcools, supprimez toutes ces boissons décorées de noms pompeux, véritables poisons pour l'organisme, supprimez le tabac, diminuez chez les jeunes gens les occasions de débauche au lieu de chercher à les favoriser et vous aurez fait un grand pas, vous aurez supprimé l'étiolement.

Utopie! direz-vous. Non, certes. Les états de Connecticut et de Michigan, états de la *Grande République* américaine, viennent de voter une loi interdisant, sous peines sévères, la vente du tabac, sous quelque forme que ce soit, aux mineurs jusqu'à 17 ans, et une autre loi, plus radicale encore, prohibant la manufacture et la vente des cigarettes de l'Etat. (Mai 1889).

Surpris de cette espèce de décrépitude physique précoce que l'on rencontre dans la jeunesse d'aujourd'hui, les moralistes s'en sont émus, ils ont cherché à soustraire cette jeunesse aux causes démoralisatrices; les médecins hygiénistes se sont demandés si l'abandon des exercices du corps ne pouvait pas entrer en ligne de compte, et les uns et les autres, sur un terrain différent, sont arrivés à une même conclusion. Ils ont regardé ces exercices comme un adjuvant précieux, indiscutable.

Que l'on examine la musculature, les formes, l'ossature elle-même des jeunes gens qui s'adonnent à la gymnastique et que l'on mette en parallèle, dépouillés de leur col empesé, de leur pantalon trop court, de leur jaquette étriquée et de leurs souliers ridiculement pointus, ces gommeux qui encombrent les trottoirs des grandes villes et l'on sera singulièrement surpris du contraste.

Mettez à l'épreuve ces deux corps semblables quant aux tissus, à leur composition, à leur essence même et votre étonnement augmentera.

Le fait est si évident, que j'aurais pu me dispenser de le citer, mais je le crois utile à la question, car si, depuis 1854, la gymnastique est reconnue d'utilité publique pour les garçons, pourquoi n'en serait-il pas de même pour les filles ?

L'objet de la gymnastique (1), considéré relativement à l'éducation physique, est d'imprimer à tout l'organisme un mouvement spécial qui fait entrer méthodiquement en travail ses différentes parties constitutives ; de déterminer le développement général de tous les organes et de leurs fonctions, même de la stature, jusqu'aux dernières limites assignées par la nature, en activant et régularisant les échanges nutritifs. Par elle, on modifie des ossatures défectueuses, par elle la santé s'affermit, la constitution se fortifie et devient plus résistante aux assauts des maladies, par elle le corps s'endurcit à la fatigue et acquiert une souplesse, une agilité et une confiance qui enhardissent le courage et lui font exécuter sans péril ces actions qui nous paraissent extraordinaires.

Aux hommes appartient ce type de développement, me répondra-t-on, à eux la force, à eux les décisions viriles, mais la femme, cet être doux, aimable, gracieux, véritable sensitive éclose sur notre passage pour adoucir nos mœurs, la dureté de nos muscles, qu'a-t-elle besoin de tout cela ?

Voilà les objections qui commencent en attendant l'énumération des inconvénients ou des désavantages.

---

(1) Par gymnastique, j'entends tout ce qui se rapporte aux exercices du corps.

Si la vraie femme était la femme dépeinte par les rêveries des poètes et des romanciers, — cette femme au visage pâle, à la chevelure opulente, aux prunelles noires et ardentes, à la taille svelte et élégante, à la démarche souple et gracieuse, au port majestueux et provoquant, aux nerfs tendus, à imagination exaltée, inquiète du présent, inquiète de l'avenir, aux sens toujours en feu, véritable volcan de désirs ou sublime martyre de résignation, qui finira dans un Vésuve d'amour ou s'éteindra dans un océan de tristesse! — vous auriez peut-être raison. Mais la femme vraie, la mère de famille, l'épouse chargée des soins assidus du foyer domestique, la femme de devoir, n'a-t-elle pas besoin de sa santé, d'une bonne et solide conformation, d'une résistante constitution ? N'a-t-elle pas besoin de se munir contre tous les accidents de la vie? N'a-t-elle pas besoin d'arriver au summum de vitalité dans tous ses organes et leurs fonctions pour pouvoir doubler plus facilement les caps pleins d'écueils que rencontrent les diverses périodes de sa vie ?

Toutes les fois que, dans le monde, j'entendis discuter sur cette question, toutes les fois que des parents ou des directrices d'institution eurent à me demander mon avis sur ces exercices ou que je les prescrivis comme hygiène, j'eus à subir bien des objections, mais j'avouerai franchement n'en avoir jamais rencontré une sérieuse (en dehors des traumatismes ou des cas où la prudence médicale exige l'abstention), car tous ces inconvénients dits sérieux n'étaient que des raisons de sentimentalité ou de convenance. « Comment, un maître de gymnase prendrait ma fille par la taille pour la hissser sur un agrès? — Il n'est pas décent qu'une jeune fille de famille, fut-elle enfant, monte après une corde ! — La gymnastique n'est bonne que pour les

acrobates de cirque. — La gymnastique ! mais cela
élargit la main, fait grossir la taille, etc., etc. » Tels
sont les misérables arguments qui reviennent toujours,
n'ayant de variantes que la forme.

Pour ce qui est de l'élargissement de la main, du
développement du corps ce n'est pas sérieux, car je
n'aurais qu'à répondre : Regardez autour de vous dans
vos réunions ou dans vos familles et ce coup d'œil suf-
fira pour vous prouver ce qu'a de spécieux votre
objection.

Où les peintres et les sculpteurs trouvent-ils leurs
modèles, où trouvent-ils ces corps superbes, ces pro-
portionnalités de forme remarquables, ces lignes que
les pinceaux des Rubens, des Murillo, ou le ciseau des
Praxitèle, des Michel-Ange nous font admirer ?

Je ne nie pas que dans le Monde il n'y ait de ces
modèles que les Phidias regretteraient de n'avoir pas
connu ; mais jetez froidement, au point de vue de l'art
et de l'esthétique, un coup d'œil sur ces files de jeunes
filles qu'exhibent le dimanche les maîtresses de nos
villes ; les mauvaises tournures, les grosses épaules, les
déviations vertébrales, les dos voûtés ne font, hélas !
pas défaut ! Mais passons et allons dans les soirées, les
bals. Ah ! Certes comme homme du monde, je ne me
plaindrai pas, mais si le médecin reparaît, il ne peut
réprimer un soupir de regrets, en pensant combien ces
épaules si blanches auraient pu acquérir de charmes, si
la main de la gymnastique avait osé prendre la taille
de cette jeune personne alors en bas-âge.

Je sais que chacun se trouve bien et n'a pas besoin
de s'appeler Narcisse pour s'admirer dans le cristal des
fontaines, mais l'évidence est là. *Faites tapisserie*
dans un salon, seulement une fois, et j'attends votre
réponse.

Pour convaincre les plus hostiles, il suffirait d'exposer scientifiquement les avantages que les jeunes filles peuvent retirer des exercices du corps. Mais cet exposé comporte des données sur les développements successifs du corps humain, — les modifications que subit la femme aux divers âges de la vie. — l'influence des mouvements méthodiques sur le développement musculaire, osseux, nerveux, circulatoire, et sur les organes internes dans leur ensemble, ce qui serait trop long et ferait de cette causerie un véritable traité didactique.

Je terminerai cet aperçu par la remarque suivante : Sur 100 jeunes filles, 95 au minimum retireraient un bénéfice incontestable des exercices du corps, à la condition de commencer dès l'âge de 7 à 10 ans ; il est donc regrettable de voir les parents intelligents priver leurs fillettes d'un bienfait peu coûteux et si facile, aujourd'hui que toutes les institutions possèdent des maîtres instruits et choisis.